Michael Wenzel

Polarisationstheoretische Ansätze und New Economic Geography

GRIN Verlag

Bibliografische Information der Deutschen Nationalbibliothek:

Die Deutsche Bibliothek verzeichnet diese Publikation in der Deutschen National-
bibliografie; detaillierte bibliografische Daten sind im Internet über http://dnb.d-
nb.de/ abrufbar.

Impressum:

Copyright © 2009 GRIN Verlag GmbH
Druck und Bindung: Books on Demand GmbH, Norderstedt Germany
ISBN: 978-3-640-31819-3

Dieses Buch bei GRIN:

http://www.grin.com/de/e-book/126076/polarisationstheoretische-ansaetze-und-
new-economic-geography

Polarisationstheoretische Ansätze und „New Economic Geography"

Michael Wenzel

Studiengang: Diplom Geographie

2009

Inhaltsverzeichnis

1.   Einleitung

Jeder Mensch fragt sich irgendwann in seinem Leben: möchte ich in einer Stadt oder auf dem Land leben? Möchte ich in einem kulturellen und wirtschaftlichen Zentrum, oder in der bedächtigen und ruhigen Peripherie leben? Möchte ich die neueste Handytechnik besitzen oder reicht mir mein Festnetz? …

Diese privaten und sehr subjektiven Fragen spiegeln allerdings das Thema dieser Arbeit wider. Es gibt nun einmal im Raum (sei es ein Kontinent, ein Land, oder eine Region) keine gleichen Lebensbedingungen für alle Individuen. Der von der neoklassischen Wirtschaftstheorie beschriebene Gleichheitsmechanismus, wird in der Realität nirgends zu finden sein. Aufgrund empirischer Untersuchungen hat sich als Gegenbewegung zur Neoklassik die Polarisationstheorie entwickelt. Und aus ihren Ideen und Begrifflichkeiten die „New Economic Geography" bedient. Diese beiden Theorien, oder zumindest theoretischen Ansätzen zur Regionalökonomik, werden in dieser Arbeit näher beschrieben und bewertet.

Zunächst wird es eine kurze geschichtliche Einordnung beider Theorien geben, bevor dann im 3. Kapitel die polarisationstheoretischen Annahmen denen der neoklassischen gegenüber gestellt und letztendlich die wichtigsten Wissenschaften von PERROUX, HIRSCHMAN und MYRDAL erläutert werden. Im 4. Kapitel wird die vom Ökonomen Paul KRUGMAN entwickelte „New Economic Geography" vorgestellt, die allerdings anders als der Name vermuten ließe eine neue neoklassische Wirtschaftstheorie darstellt, die im Grunde starke Ähnlichkeiten zur Polarisationstheorie aufweist, wenngleich differenzierte Betrachtungen zum Verständnis nötig sind.

Diese Arbeit bietet einen kleinen zusammenfassenden Einblick in zwei regionalökonomische Wirtschaftstheorien und ihren Weiterentwicklungen, die heute mehr denn je Anklang in der politischen Praxis finden.

2.   Wirtschaftsgeschichtliche Einordnung

Um diese beiden Theorien in den wirtschaftsgeschichtlichen Kontext einordnen zu können, wird in diesem Kapitel eine Übersicht zu den wichtigsten Wirtschaftstheorien gegeben. Bis Mitte des 19. Jahrhunderts (Jh.) war die Wirtschaftsgeographie eine länderkundliche Beschreibung und Dokumentation. Die klassische Nationalökonomie wurde von Adam SMITH begründet und gilt erstmals als eigenständige Wissenschaftsdisziplin, die eben vor allem die Ökonomien der Nationalstaaten untersucht. In der zweiten Hälfte des 19. Jh. wandelte sich diese Wissenschaft. Es trat immer mehr das räumliche Verteilungsmuster von landwirtschaftlichen Produkten und anderen Rohstoffen in den Vordergrund und wie Produkte im internationalen Warenaustausch gehandelt werden. Nachdem also die Marxistische Wirtschaftstheorie die klassische Nationalökonomie ab ca. 1850 ablöste, wurden die „kapitalistische Gesellschaft" und ihre ökonomische Funktionsweise untersucht. Etwa zwanzig Jahre später trat die Neoklassische Theorie in den Mittelpunkt der Wirtschaftswissenschaften und dominiert das ökonomische Denken bis in die zwanziger Jahre des 20. Jahrhunderts. Nachdem der Keynesianismus für einige Jahrzehnte eine dominierende Rolle einnahm, erlebte die Neoklassik in den 1970er Jahren eine Renaissance. Die Wirtschaftswissenschaftler des 20. Jh. beschäftigen sich also nun mehr mit dem Wirtschaftsraum. Es wurden zunächst modelltheoretische Ansätze zur allgemeinen Erklärung von Standorten und räumlicher Verteilung wirtschaftlicher Aktivitäten entwickelt, bevor in der zweiten Hälfte des 20. Jh. auch funktionale, verhaltenstheoretische und wohlfahrtstheoretische Ansätze die Wirtschaftswissenschaft bewegte. Die dominierende Wirtschaftstheorie der Neoklassik hatte allerdings auch viele Kritiker, sodass sich als eine Art Gegendarstellung die Polarisations-Ansätze entwickelten (siehe Kapitel 3.1). Die eigentliche Wirtschaftsförderung oder Regionalentwicklung, die über staatlich föderative Grenzen der Bundesländer hinausgeht, entstand erst nach dem Wirtschaftsboom der 1960er Jahre. Die anschließende Wirtschaftskrise im Bergbau in Westdeutschland machte es erstmals erforderlich, dass der Staat durch eine Zonenrandgebietsförderung die Wirtschaft länderübergreifend unterstützte. In den 1970er Jahren kam es zu einer gezielten Wirtschaftsförderung bestimmter Regionen, obwohl ein ausreichendes Wirtschaftswachstum vorhanden war. Dies förderte natürlich regionale Unterschiede. Nachdem es zur Krise des Fordismus (also der Massenproduktion) kam, entwickelte sich im Postfordismus die Ansicht, dass eine bestimmte Produktvielfalt wettbewerbsfähiger ist, als die pure Massenproduktion. Als dann die „Wende" ein völlig neues staatliches System mit sich brachte, kam es zu einer starken Globalisierung. Die zunehmende Selektivität der Wirtschaftsräume spielte eine immer größere Rolle. Somit verlor der Staat an Bedeutung durch einen starken Handlungsverlust und die Regionen, als Wirtschaftsraum, gewannen an Wert.

In den 1990er Jahren begründete der Ökonom Paul KRUGMAN die „New Economic Geographie", als eine Art „2. Neoklassische Theorie" und griff dabei auf einige Ideen und Begriffe der Polarisationstheoretiker zurück (siehe Kapitel 4). Es rückten also regionale Unterschiede immer mehr in den Blickpunkt der Wirtschaftswissenschaftler. Die nachfolgenden Kapitel erläutern polarisationstheoretische Ansätze und die „New Economic Geography", als Theorien zur Erklärung differenzierter Regionalentwicklung.

3.   Polarisationstheoretische Ansätze

Die Polarisationstheorie, welche Regionalentwicklung zum Forschungsobjekt macht, ist eine Ansammlung vieler Wissenschaften, die sich sowohl mit sektoralen wie auch mit räumlichen Ungleichgewichten/Disparitäten auseinandersetzen. Es wurde also nach Erklärungen abgelaufener Entwicklungen gesucht und versucht Strategien zur Initiierung des Entwicklungsprozesses zu erarbeiten. Dabei spielten sowohl Regionen der Entwicklungsländer, zunehmend aber auch der Industrieländer eine wichtige Rolle bei empirischen Untersuchungen und Erklärungsansätzen.

Zunächst von einander unabhängige Wissenschaften, wie das Wachstumspolkonzept von PERROUX, der die sektorale Polarisation untersuchte, und die Analysen regionaler Entwicklungsgefälle von HIRSCHMAN und MYRDAL, der das Prinzip der zirkulär kumulativen Verursachung entdeckte, sind später durch teils ältere Theorien, wie zum Beispiel die Zentrale-Orte-Theorie, weiterentwickelt wurden (Schilling-Kaletsch, S. 1ff).

3.1   Polarisation versus Neoklassik

All zu natürlich ist es nur, dass neue Ideen immer kritisch beäugt werden, weil nicht zuletzt Jeder im großen Spiel der Konzeptentwicklung mitwirken will. Demzufolge erlebte auch die Neoklassische Theorie ihre Kritiker. Neben dem Hauptkritikpunkt der inhärenten Tendenz zur gleichgewichtigen Wirtschaftsentwicklung im Raum, steht die Implikation, dass sich die Wirtschaftspolitik nicht in den Wirtschaftsprozess einmischen soll, sondern lediglich die Aufgabe hat die Funktionsfähigkeit des Marktmechanismus zu gewährleisten.

Die folgende Tabelle 1 liefert eine Gegenüberstellung zweier gegensätzlicher Theorien.

Tab. 1: Unterschiede theoretischer Erklärungsansätze des regionalen Wirtschaftswachstums.

Neoklassische Theorie	Polarisationstheorie
- Deduktive Ableitung - Gleichgewichtsmechanismus - Interregionale Unterschiede der Faktorentgelte werden durch Faktorwanderungen ausgeglichen - Marktmechanismus führt zu einem Ausgleich regionaler Unterschiede des Pro-Kopf-Einkommens - Regionale Wirtschaftspolitik soll Mobilität von Arbeit und Kapital erhöhen, Mobilitätsschranken und administrative Hindernisse abbauen und Informationsfluß zwischen Regionen verbessern	- Induktive Ableitung - Ungleichgewichtige (Regional)Entwicklung - Unterschiede in der (qualitativen und quantitativen) Ausstattung mit Produktionsfaktoren - Wachstumsdeterminanten sind partiell immobil - Interregionale Abhängigkeit regionaler Wachstumsprozesse - Oligopolistische / monopolistische Märkte - Informationen sind nicht überall verfügbar - Ungleichgewichte setzen einen zirkulär verursachten kumulativen Entwicklungsprozeß in Gang, der zu sektoraler bzw. regionaler Polarisierung führt

Der theoretischen Annahme der Gleichgewichtstendenz der Neoklassik steht die Erfahrung gegenüber, dass im Wirtschaftsraum sowohl prosperierende als auch stagnierende oder schrumpfende Sektoren/Regionen nebeneinander auftreten. Durch empirische Untersuchungen (induktive Ableitung) des Wachstums der Entwicklungsländer und benachteiligter Regionen in Mitteleuropa oder bestimmter Problemsektoren der Wirtschaft (z.B. Landwirtschaft, Schwerindustrie) kamen Zweifel an der Ausgleichsfunktion des Marktes auf. Dementsprechend gibt es Unterschiede in der Arbeitslosigkeit, dem Lohnniveau und der Produktpreise, die eben nicht einem Ausgleichsprozess unterliegen und sich dem Durchschnitt annähern, sondern ungleichgewichtige und divergierende Entwicklungspfade beschreiben.

Allen Argumenten der Polarisationstheoretiker stehen folgende Annahmen zu Grunde, die von MAIER, TÖDTLING und TRIPPL in ihrem Buch *Regional- und Stadtökonomik 2* in drei Punkten zusammengefasst wurden.

- Produktionsfaktoren werden als heterogen und zumindest teilweise immobil angesehen. Dadurch können sie nicht vollständig substituiert werden, wodurch eine Tendenz zum Ausgleich von Faktorpreisen behindert wird.
- Die Märkte sind nicht durch vollständige Konkurrenz, sondern durch Monopole, Oligopole und Externalitäten geprägt.

- Informationen, insbesondere solche über technische und organisatorische Neuerungen, sind nicht automatisch überall frei verfügbar, sondern breiten sich im Raum und durch das Wirtschaftssystem aus.

Darüber hinaus ist die Wirtschaft nicht als alleinstehendes Objekt zu betrachten, sondern steht in engen wechselseitigen Beziehungen zum sozialen und politischen Umfeld.

3.2 Das sektorale Wachstumspolkonzept von PERROUX

Bereits in den 50er Jahren des zwanzigsten Jahrhunderts wurde das Konzept des Wachstumspols vom französischen Ökonom Francois PERROUX eingeführt und in den Folgejahren stetig weiterentwickelt.

Er überwand sowohl die, seiner Meinung nach, falschen Annahmen der Neoklassik (vollkommene Konkurrenz und Gleichgewichtstheorie) und den „Nationalraum", den er als „Behälter" interpretierte und somit der modernen arbeitsteiligen Wirklichkeit widerspricht. Er führt den Begriff des „abstrakten Raumes" ein, den er in drei ökonomische Räume gliederte:

- den ökonomischen Raum wie er durch Planung definiert wird,
- den ökonomischen Raum als Kräftefeld oder polarisierter Raum,
- den ökonomischen Raum als homogenes Ganzes.

Aus dem ökonomischen Raum als Kräftefeld entstand das Wachstumspolkonzept. PERROUX unterschied in Wachstums- und Entwicklungspole, die er als motorische Einheit bezeichnete. Dabei sieht er die Pole nicht als Endpunkte einer Achse, sondern als Spitze in einem Kräftefeld. Demnach kann es mehr als zwei motorische Einheiten geben. Polarisation bei PERROUX ist der Prozess, durch den diese motorischen Pole wachsen, stagnieren, abnehmen und einander ablösen. Eine motorische Einheit kann sowohl ein einzelnes Unternehmen sein, wie auch ein Industriesektor (Branche) oder eine institutionalisierte Gruppe von privaten Unternehmen. Dieser Antriebsmotor findet sich also als Wachstumspol an einem konkreten Standort einer Region wieder und fördert in diesem abstrakten Aktionsfeld durch ökonomische Verflechtungen neue wirtschaftliche Tätigkeiten. Wenn diese Einheit also auf andere Firmen oder Branchen einen positiven Einfluss hat und zum Beispiel durch Strukturveränderungen (neue Produktionsstraßen oder effektivere Maschinen) wirtschaftlichen Fortschritt fördert, kann sie als Antriebseinheit verstanden werden. Eine motorische Einheit ist durch folgende strukturelle Merkmale gekennzeichnet:

- quantitativ bedeutende Größe,
- hoher Grad an Dominanz über andere Einheiten,
- bedeutende (in Quantität und Intensität) Interrelation [=Verflechtungen] mit anderen Sektoren,
- rasch (überdurchschnittlich) wachsend.

Ohne die einzelnen Merkmale näher zu beschreiben (dazu vgl. Schilling-Kaletsch, S. 12-17), stellt sich nun die Frage, wie eigentlich die motorische Einheit Einfluss auf andere Sektoren der Wirtschaft nimmt? PERROUX beschreibt in seinen Wissenschaften sowohl „Anstoß"-, als auch „Bremseffekte", die auf andere Sektoren wirken.

In den folgenden Kapiteln wird allein durch den unterschiedlichen Gebrauch verschiedener Begriffe mit ähnlichen Aussagen deutlich, dass die Polarisationstheorie keine in sich konsistente Theorie darstellt, sondern eher eine Ansammlung vieler Wissenschaften ist, die auch durch den unterschiedlichen Begriffsgebrauch teilweise schwer nachvollziehbar scheint. Zum Beispiel wurden die durch PERROUX eingeführten Anstoß- und Bremseffekte oft mit MYRDAL´s „Spread"- und „Backwasheffekte" und HIRSCHMAN´s „trickling-down-" und „polarization-Effekte" gleich gesetzt und damit falsch interpretiert, wodurch es zu falschen Auslegungen und Missverständnissen kam.

Der Einfluss der motorischen Einheit, ob er nun positiv oder negativ ist, erfolgt über folgende vier Ebenen:

- Preise, Stromgrößen und Antizipation
- Domination durch Verhandlungsmacht und Führungsrolle
- Einfluss auf Konsum-, Spar- und Investitionsneigung
- Aktionen, die Wachstum, Entwicklung und Fortschritt generieren

(vgl. Schilling-Kaletsch, S. 7ff).

Zum Beispiel können durch neue Innovationen, sei es ein neues Produkt, welches als Produktinnovation bezeichnet wird, oder eine Prozessinnovation, die zu Kostensenkungen bei bekannten Produktentwicklungen führt, positive Auswirkungen auf andere Sektoren generiert werden. Denn zusätzlich getätigte Investitionen führen zu neuem Wachstum und Weiterentwicklungen, welche auch anderen Wirtschaftssektoren (z.B. Zulieferer) Vorteile bringt. Auf der anderen Seite kann auch ein neues Produkt negative Auswirkungen auf andere Sektoren haben, indem zum Beispiel eine Monopolmacht des „Erfinders" entsteht, weil sein Produkt (ultimative) Vorteile gegenüber alten Artikeln bringt und ein Verkaufsschlager wird. Auch Antizipationen, also Annahmen über zukünftige Nachfrageentwicklungen, beeinflussen die Angebotsmenge eines Unternehmens und somit den Preis zu dem das Produkt angeboten wird.

Weitere Ersparnisse und damit Kostensenkungen können unternehmensintern laut PERROUX nur unter der Voraussetzung zunehmender Skalenerträge (economies of scale) realisiert werden, „…d.h., dass bei proportionalem Faktoreinsatz überproportionale Outputs entstehen, so dass allein aufgrund von Produktionsausweitungen bei gegebenem und konstantem technischen Fortschritt interne ökonomische Ersparnisse entstehen, die Kostensenkungen bewirken" (Schilling-Kaletsch, S. 20). Allerdings ist dieses von PERROUX angenommene Konzept, dass interne Effekte aufgrund von Skalenersparnissen zu erklären sind, nicht präzise genug gefasst, denn Skalenerträge variieren von Industrie zu Industrie und können darum nicht immer erzielt werden.

Auch das verwendete Konzept der externen Effekte ist nicht frei von Unklarheiten, weil PERROUX hauptsächlich auf die pekuniären externen Vorteile eingeht. Sie entstehen im Entwicklungsprozess, wenn die Outputmenge durch Aktionen andere Unternehmen positiv beeinflusst wird. Dabei kann es sich um eine direkte Vermittlung über die Zwischenproduktnachfrage (vertikale Transmission) handeln, oder indirekt geschehen, indem durch Einkommensänderungen anderer Unternehmen (horizontale Transmission) ein positiver Effekt auf den Preis des eigenen Produkts eintritt und eine größere Produktmenge abgesetzt werden kann (vgl. Schilling-Kaletsch, S. 19ff).

Bei aller Kritik zeigen diese Beispiele auf welchen unterschiedlichen Ebenen eine motorische Einheit Einfluss auf andere Unternehmen oder andere Wirtschaftssektoren haben kann, obgleich er nun, im Sinne einer sektoralen Polarisation, positiv (Anstoßeffekt) oder negativ (Bremseffekt) ist.

Zusammenfassend lässt sich feststellen, dass PERROUX´s Wachstumspolkonzept der 50er Jahre ein analytisches Instrumentarium zur Erfassung sektoraler Polarisation und ihrer

Funktion im Wachstumsprozess darstellt. Es ist allerdings keine Lokalisationstheorie, denn es liefert weder eine Erklärung für den Standort der motorischen Industrien im Wirtschaftsraum, noch werden konkrete Wachstumswirkungen im Raum beschrieben. Dennoch sind seine wissenschaftlichen Erkenntnisse und Untersuchungen der Grundstein für weitere Forschungen über regionale Polarisationen im Wirtschaftsraum. Allerdings wird durch eine unscharfe Begriffsverwendung in den Folgejahren diese Ansammlung an Wissenschaften nicht zu einer Polarisationstheorie zusammenwachsen, wenngleich diesen Ansätzen auch heute noch viel Sympathie in der Regionalpolitik entgegen gebracht wird.

In dem folgenden Kapitel werden HIRSCHMANs und MYRDALs Beiträge zur regionalen Polarisation vorgestellt, die auf Grundlage des Wachstumspolkonzeptes Polarisationen im Wirtschaftsraum untersuchen und damit versuchen diese Regionalanalysen in regionalplanerische Strategien umzusetzen.

3.3 Regionale Polarisation

3.3.1 Polarisationshypothesen von HIRSCHMAN

In HIRSCHMANs Arbeiten werden die Situation der Entwicklungsländer und deren Unterentwicklung untersucht. Eine der Hauptaussagen HIRSCHMANs ist, dass das Entwicklungsproblem nicht die mangelnden Faktoren oder Elemente, wie Kapital oder Ausbildung sind, sondern die zugrunde liegende Grundknappheit an entwicklungsrelevanten Entscheidungen. Demzufolge konzentriert HIRSCHMAN seine Untersuchungen auf die Entdeckung wirksamer Mechanismen, die entwicklungsrelevante Entscheidungen induzieren (induzierte Investitionen). Ähnlich wie PERROUX greift auch HIRSCHMAN auf das Konzept der externen Effekte von SCITOVSKY zurück. Die externen Effekte führen zu Komplementäreffekten, die bedeuten, dass Produktionserweiterungen eines Unternehmens auch Rentabilitätsvorteile für andere Unternehmen bringen. Durch die Produktionserweiterung entsteht auch ein gewisser Druck auf andere Unternehmen ihr Angebot auszuweiten. Damit werden also neue Investitionen induziert, welche wiederum einen komplementären Effekt ausüben. Dieser Entwicklungsprozess zeigt sich also wie eine Kette von sektoralen Ungleichgewichten, in deren Verlauf immer neue Investitionen induziert werden, um Entwicklungsrückstände aufzuholen und neue externe Vorteile zu schaffen. Laut HIRSCHMAN gibt es zwei Mechanismen, die im Entwicklungsprozess wirken und damit auch zu Unterschieden führen. Die so genannten Rückwärtskopplungseffekte wirken im Produktionsprozess bei der Inputbeschaffung, während die Vorwärtskopplungseffekte im Rahmen der Outputverwertung wirken. Er präzisiert desweiteren die Bedeutung und die Stärke eines Kopplungseffektes, wobei die Bedeutung eine Art Höhe der induzierten Nettoausbringungsmenge der neuen Industrie darstellt, während die Stärke eher eine Wahrscheinlichkeit angibt, ob diese induzierten neuen Industrien tatsächlich entstehen und sich durchsetzen können. Ein Gesamteffekt entsteht durch die Summe der beiden Größen, Bedeutung und Stärke. Für Jene, die sich näher mit der Errechnung der Stärke und der Bedeutung beschäftigen möchten, verweise ich auf die Arbeiten von HIRSCHMAN (1958 / 1967) selbst und auf die Zusammenfassung von SCHILLING-KALETSCH (1976, S.30). Vergleicht man nun verschiedene Industrien der Entwicklungsländer nach ihren Kopplungseffekten, erkennt man so genannte „Satelliten-Industrien", welche durch eine hohe Wahrscheinlichkeit ihres Entstehens (Stärke=Vorteil) auffallen, allerdings eine geringe Nettoausbringungsmenge (Bedeutung=Nachteil) aufweisen. Dagegen haben „Nicht-Satelliten-Industrien" eine große Bedeutung für die Wirtschaft eines Landes, werden allerdings unwahrscheinlicher aus induzierten Investitionen anderer Unternehmen hervorgehen (Schilling-Kaletsch, S. 27ff).

Durch HIRSCHMANs spezifische Konzeptionalisierung der Kopplungseffekte versucht er Diese für die Entwicklungspolitik nutzbar zu machen. Allerdings erarbeitet er die Effekte in einem konkreten Raum (Entwicklungsland) und versucht durch die Präzisierung von „Bedeutung" und „Stärke" der Effekte internationalisierte Kopplungseffekte zu erfassen. Durch diese spezielle Definition werden nur Beziehungen und Verflechtungen der Unternehmen eines bestimmten Raumes (z.B. einem Land) erfasst und dadurch nur räumlich sehr beschränkte vorwärts- und rückwärtsgekoppelte Aktivitäten untersucht.

Nicht zuletzt deshalb werden HIRSCHMANs „Gedankenexperimente" oft kritisiert. Die unpräzisen Aussagen zur Organisationsstruktur der Industrien, die nicht-Berücksichtigung sozio-kultureller, psychologischer und politischer Faktoren bei der Unvollkommenheit der Entscheidungsprozesse und die Gleichsetzung der Input-Output-Relationen von CHENERY und WATANABE mit seinen spezifischen Kopplungseffekten machen seine Wissenschaften angreifbar und führen zumindest zu zweifelnder Kritik.

Dennoch hat er versucht regionale Ungleichgewichte der Entwicklungsländer zu erforschen. Entstandene Wachstumspole / Zentren, die oft nur durch Glücksfälle oder durch bestimmte Umweltfaktoren erblühten, sind durch externe Vorteile und der Investitionsbündelung vieler

Unternehmer, die externe Ersparnisse abschöpfen wollen, durch starkes und schnelles Wachstum gekennzeichnet. HIRSCHMAN versuchte nicht die entstandenen Entwicklungsunterschiede zu erklären, sondern die von den Wachstumszentren ausgehenden Kräfte zu untersuchen. Er beschreibt in diesem Zusammenhang sogenannte Sickereffekte (trickling-down effects) und Polarisationseffekte (polarization effects). Durch die Sickereffekte „sickert" der Fortschritt des Wachstumspols, besonders wegen der bestehenden Komplementaritäten der beiden Räume, durch Käufe und Investitionen in die unterentwickelte Region (Peripherie). Die eher negativen Polarisationseffekte zeigen sich durch die starke Konkurrenz der beiden unterschiedlichen Regionen. Die (falls schon vorhanden) ineffizienteren Industrien der Peripherie können nicht mit den durch externe Effekte und Ersparnisse profitierenden Industrien des Zentrums mithalten. Neben diesen wirtschaftlichen Effekten gibt es auch soziokulturelle Auswirkungen, die sich zum Beispiel in einer selektiven Migration junger und gut ausgebildeter Arbeitskräfte in das Zentrum zeigen. Damit wird der Peripherie auch die Grundlage für künftige Innovationen / Ideen entzogen und die Entwicklungsunterschiede wachsen. Diese Effekte wirken allerdings nicht im unmittelbaren Umland des Wachstumspols (innerhalb einer Region), wie missverständlich oft interpretiert wurde, sondern interregional zwischen mindestens zwei Regionen (oder gegensätzlichen Polen). Damit erfasst HIRSCHMAN Polarisation als ein räumlich sichtbares Ergebnis, die sich anhand von aggregierten Daten (wie Einkommen, Wachstumsrate, u.a.) in ihrer räumlichen Manifestierung erfassen lassen. Somit beschreibt er den Gegensatz zwischen Arm und Reich oder zwischen Industrie- und Entwicklungsländern. Durch die beiden Effekte wird versucht eine Antwort zu finden, auf die Fragen: wie werden Gegensätze / unterschiedliche Entwicklungen aufrechterhalten? (Antwort: wenn die Polarisationseffekte stärker sind als die Sickereffekte) und wodurch werden sie abgebaut? (Antwort: wenn die Sickereffekte größer sind als die Polarisationseffekte). Durch diese Erkenntnisse gibt HIRSCHMAN folgende Politikempfehlung für die Entwicklungsländer: zuerst sollen die aufstrebenden Wachstumszentren unterstützt werden, damit dann von ihnen ausgehende Sickereffekte die peripheren Räume und andere Regionen stärken und ihr Entwicklungsniveau ansteigt.

3.3.2 Prinzip der zirkulär kumulativen Verursachung nach MYRDAL

MYRDAL beschäftigt sich in seinen Erörterungen mit den Fragen zu wirtschaftlichen Unterschieden zwischen entwickelten und unterentwickelten Ländern. Warum sie bestehen bleiben und diese Ungleichheiten auch noch ständig wachsen? Der schwedische Sozialwissenschaftler Gunnar MYRDAL, der seine erste Haupt-Wissenschaft kurz vor HIRSCHMAN in dem Jahr 1957 veröffentlichte, versucht ähnlich wie später auch HIRSCHMAN nicht das Entstehen regionalen Wachstums in den Vordergrund seiner Arbeit zu stellen, sondern er untersucht vielmehr das Entstehen von Wachstumsdifferenzen.

Er zeigt, dass sich diese Differenzen nicht, wie in der neoklassischen Theorie beschrieben, ausgleichen. In einem durch zirkuläre Interdependenzen (gegenseitige oder wechselseitige Abhängigkeiten) verbundenen System bewirkt eine Veränderung einer Variablen eine weitere Änderung einer zweiten Größe in die gleiche Richtung. Durch Rückkopplungen verstärkt sich die gegenseitige Beeinflussung und setzt damit einen kumulativen Prozess in Gang. Wenn dieser Prozess unreguliert auftritt, kann er sowohl für eine Region positiv, wie auch für eine Andere eher negativ wirken und vergrößert somit Ungleichheiten, die sowohl international als auch national auftreten können.

Dieses Prinzip der zirkulären und kumulativen Verursachung wird sowohl bei ökonomischen wie auch bei sozialen Entwicklungsunterschieden als Haupthypothese untersucht und bildet damit eine Grundlage für die Polarisationstheorie in beiden Grundrichtungen (sektorale Polarisation - P. als Funktion UND regionale Polarisation – P. als Ergebnis).

Genau wie HIRSCHMAN sieht MYRDAL die Polarisation als räumlich sichtbares Ergebnis, die sich durch Entzugs- und Ausbreitungseffekte verändert. Die Entzugseffekte (backwash effects) sind in MYRDALs Verständnis zentripetale Kräfte (Physik: zum Kreismittelpunkt wirkende Kräfte), die den Polarisationseffekten entsprechen. Die Ausbreitungseffekte (spread effects) versteht er als zentrifugale Kräfte (Physik: Fliehkraft die einen Körper [Effekte] „nach außen zieht"), welche wiederum den Sickereffekten entsprechen. Diese Effekte wirken wiederum durch Wanderungen, Kapitalbewegungen und Handel.

„MYRDALs Leistung ist vor allem darin zu sehen, dass er die Unzulänglichkeit der statischen Gleichgewichtstheorien derart überzeugend präsentiert und einer tiefgreifenden Umorientierung in der Behandlung des Problems der Unterentwicklung in der sozialwissenschaftlichen Theorie Bahn gebrochen hat durch die Aufdeckung des grundlegenden Prinzips der zirkulär kumulativen Verursachung" (Schilling-Kaletsch, S. 43).

3.4 Weiterentwicklungen

Nachdem die „klassischen" Polarisationsvorstellungen von MYRDAL und HIRSCHMAN in der regional- und entwicklungspolitischen Diskussion Anklang gefunden haben, wurden diese

Ideen weiterentwickelt und zum Beispiel mit innovations- und standorttheoretischen Vorstellungen kombiniert. Nachfolgend werden ausgewählte Weiterentwicklungen kurz erläutert und ihre Neuerungen vorgestellt.

Wachstumspolkonzepte und Wachstumszentren

Das Wachstumspolkonzept sieht in der polarisierenden Entwicklung einer Region auch Vorteile und einen Ansatzpunkt für eine Entwicklungsstrategie. Denn es geht davon aus, dass bei ausreichender Wirtschaftskraft eines Zentrums die Ausbreitungseffekte stärker wirken als die Entzugseffekte und damit auch die Peripherie von der Polarisation profitiert.

Diese Idee verfolgten vor allem französische und belgische Wissenschaftler, sodass man „...auch häufig von einer *französischen Schule* der Entwicklungstheorie...“ (Maier/Tödtling/Trippl 2006, S.86) spricht. Es wurden in den 1950er und 60er Jahren eine Reihe von empirischen Studien erstellt, die sich zunächst allerdings, in Anlehnung an PERROUX, nur mit der sektoralen Polarisation auseinander setzten und damit das theoretische Konzept nicht operationalisieren konnten. Die französische Schule „...kann damit keine Instrumentalisierung des Wachstumspolkonzepts für die Regionalpolitik liefern“ (Schilling-Kaletsch 1976, S. 51). Erst in den 60er und 70er Jahren wurde dieses Konzept weiterentwickelt und durch regionale und räumliche Zusammenhänge ergänzt. Dies besonders durch die Wissenschaftler BOUDEVILLE und LASUÉN. Sie greifen in ihren Wissenschaften auf die Zentrale-Orte-Theorie von CHRISTALLER und LÖSCH zurück. Somit wurde „...die Entwicklungsfunktion eines Wachstumspols direkt mit dem Muster eines Systems von städtischen Agglomerationen verbunden“ (Maier/Tödtling/Trippl 2006, S.87). Dieses Wachstumszentrum sollte also in ein funktional verflochtenes Siedlungssystem eingebunden sein, um seine Aufgabe als Wachstumsmotor bestmöglich nachkommen zu können. Denn man geht davon aus, dass diese Wachstumsimpulse (vorgerufen durch neue Innovationen) im Raum einer zentralörtlichen Hierarchie folgen und damit von Städten höchster Ordnung ausgehend zur nächsten Zentralitätsstufe springen, bevor sie schließlich in abgeschwächter Form auch die Orte niedrigster Zentralität erreichen. LASUÉN geht davon aus, dass die jetzige Siedlungsstruktur Ausdruck eines früheren Prozesses der Adoptionen und Innovationen ist. Letztlich führt die Ballung von wirtschaftlichen und gesellschaftlichen Aktivitäten zu neuen Innovationen. Der daraus wachsende Entwicklungsvorsprung zieht wiederum neue Aktivitäten / Unternehmen / Menschen an und stärkt damit den wirtschaftlichen Vorsprung der Agglomeration. Somit kann man von einem zirkulär-kumulativen Prozess der Innovationsausbreitung sprechen. Durch diese Überlegungen „...bekommt der Begriff der Polarisation neben seiner statischen – zu einem bestimmten Zeitpunkt bestehen Unterschiede zwischen den Regionen – auch noch eine dynamische Bedeutung" (Maier/Tödtling/Trippl 2006, S.88).

Die Ableitung und Differenzierungen des „Wachstumszentrenkonzeptes" wurde von SCHILLING-KALETSCH in der nachfolgenden Übersicht zusammengefasst.

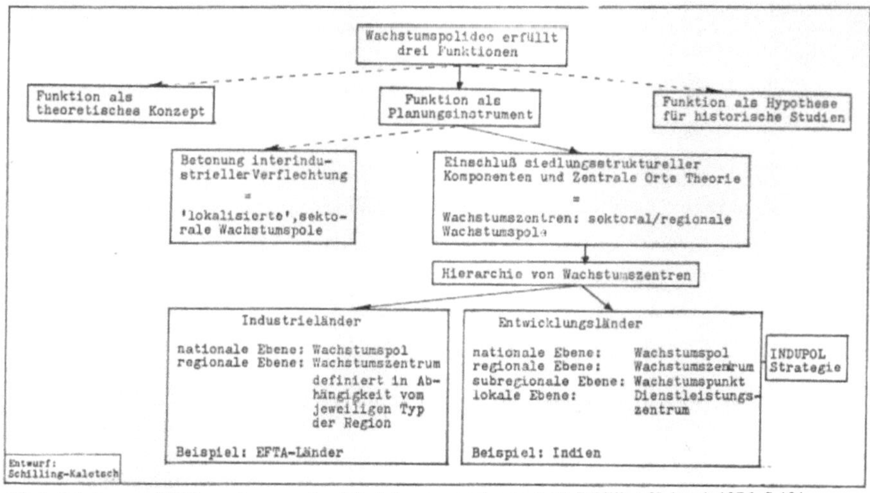

Abb.1: Ableitung und Differenzierungen des „Wachstumszentrenkonzeptes". Schilling-Kaletsch 1976. S.101.

Zentrum-Peripherie-Modelle

Auch die Zentrum-Peripherie-Modelle beschreiben Beziehungen zwischen zwei Typen von Regionen, sind im Grunde aber keine direkte Weiterentwicklung der Polarisations-Ansätze, sondern weißen lediglich eine große Gemeinsamkeit auf. Einige Modelle betonen besonders die gesellschaftlichen und politischen Aspekte des regionalen Entwicklungsprozesses und bringen damit eine soziale Betrachtungsweise mit ein, so zum Beispiel FRIEDMANN (1972) in seinem Aufsatz „A General Theory of Polarized Development".

„Zentrum und Peripherie bilden also miteinander ein System, das durch Autoritäts- und Abhängigkeitsbeziehungen gekennzeichnet ist" (Maier/Tödtling/Trippl 2006, S.89). Diese Definition impliziert eine Doppelfunktion von Gebieten. Denn eine Region kann zum Beispiel

14

in einem Entwicklungsland das wirtschaftlich starke Zentrum darstellen, während es im internationalen Vergleich eher rückständig ist und als Peripherie aufgefasst werden kann.

Nach FRIEDMANN´s Überlegungen sind auch Innovationen der Ausgangspunkt für wirtschaftliches Wachstum, allerdings meint er damit nicht nur technologisch-ökonomische Innovationen, sondern auch soziale Neuerungen. Denn neue Organisationsformen und neue Lebensstile können genauso ein Motor für Wirtschaftswachstum darstellen, wie neue Antriebstechniken zur Fortbewegung. FRIEDMANN führt die Macht des Zentrums über die Peripherie auf folgende sechs sich selbst verstärkende Feedback-Effekte zurück:

1. Dominationseffekt: entspricht dem Entzugseffekt von Myrdal;
2. Informationseffekt: mehr und schnellere Informationen durch höhere Interaktionsdichte;
3. psychologischer Effekt: Beispielswirkung erfolgreicher Innovationen;
4. Modernisierungseffekt: leichtere Anpassung auf neue Innovationen der Individuen;
5. „linkage effect": eine Innovation setzt sich in verbundenen Aktivitäten fort;
6. Produktionseffekt: Kostenreduktion durch zunehmende Skalenerträge und externe Ersparnisse.

(vgl. Maier/Tödtling/Trippl 2006, S.90)

Die vom Zentrum ausgehenden Ausbreitungseffekte wiederum führen zu einem immer größer werdenden Anspruch der peripher lebenden Menschen an ihrem Anteil der Vorteile des Entwicklungsprozesses. Durch diese räumliche Form der Zentrum-Peripherie-Struktur kommt es also zu gesellschaftlichen Konflikten, die nun Teil der regionalpolitischen Aktivitäten sind und gelöst werden müssen.

3.5   Zusammenfassung und Bewertung

Bei aller Unterschiedlichkeit der Konzepte von PERROUX, HIRSCHMAN und MYRDAL haben sie dennoch eine Gemeinsamkeit: sie kritisieren übereinstimmend die statische Gleichgewichtstheorien der Neoklassik. Alle drei Ansätze besitzen einen hohen heuristischen Wert, denn sie initiieren ein grundlegendes Umdenken in der Wirtschaftstheorie hin zur Regionalentwicklung.

In der Polarisationstheorie, die durch unpräzise und relativ vage Aussagen in den Arbeiten und den missverständlichen Begriffsgebrauch nicht als Theorie sondern eher als Ansammlung wissenschaftlicher Arbeiten bezeichnet werden kann, fehlt die Basis – die gemeinsame Forschungszielrichtung.

Dennoch gibt es grundlegende Erkenntnisse, die bis heute ein offenes Ohr in der Regionalpolitik finden. Zum Beispiel wird die ökonomische Entwicklung als Ergebnis von Wellen von Ungleichgewichten gesehen, die zirkulär kumulativ das System in eine Richtung verschieben. Anders ausgedrückt setzt Entwicklung Ungleichgewichte voraus. Weiterhin sind Faktoren, wie Innovationen, industrielle Verflechtungen, interne und externe Effekte und unternehmerische Entscheidungen, ausschlaggebend für sektorale Polarisationen und damit für den ökonomischen Entwicklungsprozess. Und schließlich manifestieren sich Polarisationen im „geographischen" Raum zwischen Regionen (subnational), Nationen (supranational) und auch Ländergruppen (global).

4.   „New Economic Geography"

„Die Marke *New Ecomonic Geography* wurde zuerst von Wirtschaftswissenschaftlern geprägt, so betrüblich und bezeichnend dies aus Sicht der Wirtschaftsgeographie selbst sein mag (man stelle sich vor, Wirtschaftsgeographen würden ihrerseits versuchen, ein Label *New Economics* zu kreieren)" (Sternberg, S. 159). Dieses Zitat zeigt wie brisant die „Neue Ökonomische Geographie" diskutiert wird, allerdings noch sehr zurückhaltend im deutschsprachigen Raum, während im angloamerikanischen Ausland bereits seit Jahren heftige Diskussionen stattfinden.

Diese regionalwissenschaftliche Theorie geht auf den Ökonomen Paul KRUGMAN, Wirtschaftsnobelpreisträger 2008, zurück. Die „New Economic Geography", im Folgenden als NEG abgekürzt, wurde Anfang der 1990er Jahre begründet und gilt als zweite neoklassische Agglomerationstheorie (vgl. Roos, S.83), die sich allerdings stark polarisationstheoretischer Begriffe bedient. Im Grunde geht es auch in dieser Theorie um die Frage nach den Ursachen erfolgreicher Regionalpolitik, die sich in Form räumlicher Ballung ökonomischer Aktivitäten zeigt.

Es gibt zwei Problemstellungen, die zur Entstehung der NEG führten:

1. Der Produktionsfaktor / die Wachstumsdeterminante „technischer Fortschritt" spielt besonders in hochentwickelten Nationen eine immer stärkere Rolle im

volkswirtschaftlichen Wachstum, als dies in früheren neoklassischen Modellen empfunden wurde.

2. Es bilden sich zunehmend mehr nationale, regionale und sektorale Wachstumscluster heraus, die allerdings nicht wie in der neoklassischen Vorstellung konvergente Raumstrukturen herausbilden, sondern eher divergieren und damit polarisieren (sowohl räumlich, wie auch sektoral - also branchenspezifisch).

Wie bereits im 3. Kapitel herausgestellt und erläutert, sind diese Erscheinungen der regionalen und sektoralen Polarisation der Wirtschaftseinheiten schon früher durch empirische Untersuchungen erkannt wurden, dennoch aber nicht in Modelle und eine in sich konsistente Theorie zusammengefasst wurden. Damit wurden diese Erkenntnisse vom Mainstream der Wirtschaftswissenschaften nicht wahrgenommen und letztlich „neu" entwickelt.

Die NEG fußt nicht zuletzt durch KRUGMAN selber auf Erkenntnissen der neuen Handelstheorie. Dabei werden steigende Skalenerträge, positive Externalitäten sowie unvollständiger Wettbewerb als ausschlaggebende Faktoren für wachsende Handelsströme und Spezialisierungen betrachtet, wobei steigende Skalenerträge dabei wiederum als Ursache regionaler Polarisierung ökonomischer Aktivitäten gelten und erklärt werden müssen (Sternberg, ZfW 3-4/2001).

Neben diesen Effekten spielen aber auch Kopplungseffekte eine große Rolle in der NEG. Die von HIRSCHMAN eingeführten „Vorwärts- und Rückwärtskopplungen" (Kapitel 3.3.1) werden in der NEG nicht nur als Kopplungseffekte zwischen vor- und nachgelagerten Industrien verstanden, sondern auch zwischen Unternehmen und Haushalten. Diese sogenannten pekuniären Externalitäten beeinflussen die Nutzen- oder Produktionsfunktionen von Wirtschaftssubjekten nicht direkt, sondern werden über den Markt über die Produktpreise vermittelt (Roos 2002, S.84ff).

4.1   Zwei-Regionen-Modell von KRUGMAN

Das Zwei-Regionen-Modell von KRUGMAN ist wohl der populärste Versuch der Erklärung räumlicher Konzentration industrieller Aktivitäten der NEG und wird in diesem Kapitel näher beschrieben.

Zu jedem Modell gehören bestimmte vereinfachte Annahmen der Wirklichkeit, um die komplexe Realität möglichst verständlich und logisch zu erklären. Die nachfolgenden Annahmen sind von STERNBERG in der Zeitschrift für Wirtschaftsgeographie zusammengetragen wurden und begründen die anschließend folgende Darstellung des Zwei-Regionen-Modells nach KRUGMAN 1991 sowie FUJITA 1996.

<u>Annahmen:</u>

- zwei homogene Regionen in einem Staat ohne intraregionale Differenzierung und jegliche Standortvorteile;

- zwei Wirtschaftssektoren je Region (Agrar- und Industriesektor);

- Agrarsektor: identische und konstante Zahl an Farmern produzieren bei konstanten Skalenerträgen nur ein homogenes Gut bei vollständiger Konkurrenz und interregionaler Immobilität;

- Industriesektor: anfangs gleiche Zahl an Arbeitern; interregional mobile Arbeiter in Abhängigkeit von Reallohndifferenzen; inhomogene Güter der Unternehmen; steigende Skalenerträge – Unternehmen haben nur einen Produktionsstandort; monopolistische Konkurrenz; Mengenverluste zwischen Quell- und Zielort beim Transport – importierte Waren sind teurer als lokal produzierte;

- Farmer und Arbeiter fragen alle Produktvarianten nach, aber in unterschiedlichem Umfang; konstante Substitutionselastizität > 1; Gewinne der Unternehmen sind ausgeschlossen, daher gehen alle erwirtschafteten Einkommen an Farmer und Arbeiter.

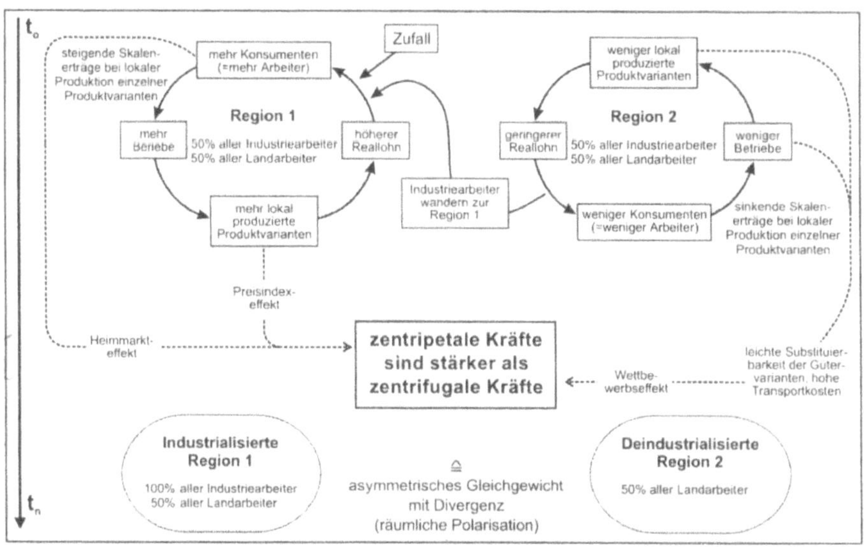

Abb. 2: Zwei-Regionen-Modell nach KRUGMAN 1991 und FUJITA 1996; Darstellung: STERNBERG 2001. In: Zeitschrift für Wirtschaftsgeographie. Heft 3-4/2001. S. 163.

Dieses Modell zeigt im Grunde die räumliche Veränderung der Wirtschaftsstruktur zweier Regionen im Zeitverlauf von vielen Jahren. Im Blickpunkt des Modells stehen, ähnlich wie bei der Polarisationstheorie, agglomerationsfördernde Zentripetal- sowie dispersionsfördernde Zentrifugalkräfte. Sind die agglomerationsfördernden (oder polarisationsfördernden) Kräfte, also steigende Skalenerträge und positive Externalitäten, stärker als die zentrifugalen Kräfte („Gleichgewichtskräfte"), kommt es zu einem asymmetrischen Gleichgewicht, im Grunde zu einer räumlichen Polarisation von Wirtschaftsunternehmen. Welche Art der steigenden Skalenerträge jetzt entscheidend für die Agglomerationstendenz ist, wird in den Wissenschaften unterschiedlich bewertet. In diesem Modell von KRUGMAN sind es Lokalisationseffekte infolge von Arbeitskräftepools, technologischer Spillover und besondere Vertriebs- und Zuliefernetzwerke, die im Zusammenspiel mit Urbanisationsvorteilen, Heimmarkteffekte sowie dem Preisindexeffekt verantwortlich sind für räumliche Ballung von Unternehmen.

Ein Unternehmen hat also durch die Nähe zu anderen Firmen zum Beispiel: mehr Arbeitskräfte zur Verfügung, könnte also Arbeitskräfte abwerben; höhere technologische Kompetenz in unmittelbarer Nähe, könnte Maschinen kopieren oder Vorteile durch eine bessere Produktionsorganisation erhalten; hat durch kurze Wege zu Zulieferern und einem guten Kommunikationsnetzwerk weniger Produktionskosten und kann schneller auf Probleme reagieren; und hat schließlich durch die räumlicher Polarisierung von Unternehmen und damit von Menschen, einen größeren Absatzmarkt, keinen Mangel an ausgebildeten Arbeitskräften und kann auch höhere Löhne zahlen (Preisindexeffekt), was wiederum zu Pull-Effekten für diese Region führt und die Polarisation vorantreibt. Diese Vorteile ziehen im Grunde einen zirkulär verursachten kumulativen Entwicklungsprozess (siehe Kapitel: 3.3.2) nach sich und verstärken die Zentripetalkräfte zusätzlich.

Auf der anderen Seite wirken dieser wachsenden Agglomeration auch Zentrifugalkräfte entgegen. Zum Beispiel werden die Produktionsfaktoren zunehmend immobiler, weil nicht zuletzt die Ballungsnachteile die Löhne und Bodenpreise in die Höhe treiben und somit Unternehmen und Arbeitskräfte abschrecken können.

Die Abbildung 1 zeigt also zwei Regionen, die zum Zeitpunkt t0 die gleichen Voraussetzungen für wirtschaftliche Entwicklung haben. Erst ein „historical accident", also ein „Zufall" entscheidet über die Pfadabhängigkeit regionalen Wachstums und damit über Entwicklungsunterschiede der Regionen. Dieser Zufall kann unterschiedlichsten Ursprung haben, vielleicht ist es eine technische Neuerung („Vorsprung durch Technik"), oder auch nur eine historische Fertigkeit (besondere handwerkliche Fähigkeit der Frauen einer Region).

Dabei reicht schon ein minimaler Unterschied beider Regionen, der dann durch kumulative Prozesse zu starken Entwicklungsunterschieden führt. Der Unterschied zur Polarisationstheorie besteht darin, dass KRUGMAN behauptet: Polarisationen entstünden nur, wenn es einen Reallohnunterschied zwischen beiden Regionen gibt. Dieser wiederum ist abhängig vom Heimmarkteffekt, dem Preisindexeffekt und vom Wettbewerbseffekt. Die erst genannten steigern den Reallohn und wirken damit agglomerationsfördernd, während der Wettbewerbseffekt deglomerierend wirkt, weil durch eine höhere Preisforderung in peripheren Räumen auch höhere Löhne gezahlt werden können und damit die Reallohnunterschiede geringer sind. Jetzt stellt sich die Frage: Wann überwiegt der Eine über den anderen Effekt? Laut KRUGMAN ist dies abhängig von der Höhe der Transportkosten, der Substituierbarkeit der Gütervarianten, dem Anteil der Industriegüter am Preisindex und der Mobilität der Arbeitskräfte. Je höher die Transportkosten sind und je mobiler die Arbeitskräfte, umso unwahrscheinlicher entsteht eine polarisierte Raumstruktur, während bei gegenteiligen Effekte die Agglomerationsunterschiede der Regionen wachsen (vgl. Sternberg, ZfW 3-4/2001, S.162ff).

KRUGMAN selber illustriert seine Argumentationen mit dem „Zufall" durch ein Beispiel in seinem Werk „Geography and Trade" (1991, 35ff). Und zwar ist Dalton nach dem 2. Weltkrieg zum dominierenden Teppichzentrum der USA geworden, weil eine alte Näh- und Sticktechnik wieder entdeckt wurde, nachdem eine junge Frau eine mit dieser Technik gestickte Bettdecke verschenkte. Dieser Zufall brachte dann einen kumulativen Prozess in Gang und es entstand eine Polarisation, ähnlich wie auch in Massachusetts (Schuhindustrie) und im Silicon Valley (Elektronikindustrie).

Dieses sehr abstrakte Grundmodell der NEG beruht auf restriktiven Vereinfachungen. In diesem Zusammenhang stellen sich folgende Fragen: Können die Aussagen des Modells verallgemeinert werden? Erlaubt das einfache Modell auch Aussagen und Handlungsempfehlungen zu wirtschaftspolitisch relevanten Problemen?
Zahlreiche Weiterentwicklungen versuchen diese Fragen zu beantworten. So hat zum Beispiel KRUGMAN selbst die Annahme des diskreten Zwei-Regionen-Raumes aufgelöst und gezeigt, dass der Kopplungsmechanismus auch zwischen mehreren Regionen zu wirtschaftlicher Ballung führen kann.
Auch die Annahme, dass die Farmer völlig immobil und die Industriearbeiter völlig mobil sind, widerspricht der Wirklichkeit / der empirischen Erfahrung. Diese Annahme wird von WOOTON/LUDEMA (1997), BALDWIN (1999) und OTTAVIANO (1999) verändert und unter anderen Aspekten untersucht. Zum Beispiel ist bei rationalen Erwartungen der Arbeiter

vorhersehbar, wie das Migrationsverhalten die künftigen Löhne verändert. Demzufolge kann sich ein jeder Zuwanderer denken, dass die tatsächlich erwarteten Lohnsteigerungen auch wirklich eintreten, wenn ausreichend viele Individuen in diese Region ziehen. Diese Tatsache der rationalen Erwartungen kann also einen Agglomerationsprozess auslösen (oder Diesen zumindest unterstützen), der demzufolge nicht mehr alleine durch einen historischen Zufall erklärt werden kann.

Weitere Variationen der Annahmen des Grundmodells führen also zu zahlreichen Modellen, die allerdings den Rahmen dieser Arbeit sprengen würden und demzufolge nicht weiter vertieft werden.

4.2   Zusammenfassung und Bewertung

Die verschiedensten Modelle der NEG, die auf dem Zwei-Regionen-Modell (oder „Core-Periphery-Modell") von KRUGMAN aufbauen, gehen alle von der Grundidee aus, dass Agglomerationen durch Marktgrößeneffekte verursacht werden. Durch steigende Skalenerträge von produzierenden Unternehmen und steigenden Transportkosten, mit der Entfernung zwischen Absatzmarkt und Rohstoffmarkt, haben Unternehmen grundsätzlich den Anreiz sich dort nieder zu lassen, wo die Nachfrage nach ihrem Produkt am größten ist. Die Nachfrager wiederum siedeln aus Kostengründen dort, wo das Produktangebot am größten ist. Dieser Prozess wird als zirkuläre Verursachung beschrieben und wird kumulativ verstärkt, bis es schließlich zu einer Polarisation kommen kann, die allerdings auch wieder Nachteile entwickeln kann, sodass sich der Prozess auf andere Regionen verlagert.

Der entscheidende Kritikpunkt zur NEG ist der, dass die Ursache von Konzentrations- und Spezialisierungsprozessen ungeklärt bleibt und lediglich durch einen historischen Zufall („history matters") erklärt wird.

Ein wenig suspekt ist auch, dass diese zweite neoklassische Theorie sich vieler Ideen und Begriffe der Polarisationstheoretiker, wie MYRDAL und HIRSCHMAN, bedient und eigentlich dem klassischen Gleichgewichtsmechanismus widerspricht. Dennoch kann die NEG die empirische Realität (unterschiedliche regionale Entwicklungen) glaubwürdiger erklären als die traditionellen Modelle der Neoklassik, wenngleich nur sehr wenige empirische Untersuchungen diese Modelle bestätigen und die praktische Relevanz, also abgeleitete Politikempfehlungen, noch Mangelware sind.

Quellenverzeichnis

DURTH, R. / KÖRNER, H. / MICHAELOWA, K. (2002): Neue Entwicklungsökonomik. Stuttgart.

ECKEY, H.-F. / KOSFELD, R. (2004): New Economic Geography. (=Volkswirtschaftliche Diskussionsbeiträge, Nr.65/04). Kassel.

MAIER, G. / TÖDTLING, F. (2006): Regional- und Stadtökonomik 1. Standorttheorie und Raumstruktur. 4. Aufl. Wien.

MAIER, G. / TÖDTLING, F. / TRIPPL, M. (2006): Regional- und Stadtökonomik 2. Regionalentwicklung und Regionalpolitik. 3. Aufl. Wien.

NOVY, A. (2003): Sozialräumliche Polarisierung: Raum, Macht und Staat. (=SRE-Discussion 2003/01). Wien.

PFLÜGER, M. (2007): Die Neue Ökonomische Geographie: Ein Überblick. Passau, Berlin.

PFLÜGER, M. / SÜDEKUM, J. (2005): Die Neue Ökonomische Geographie und Effizienzgründe für Regionalpolitik. (=Vierteljahreshefte zur Wirtschaftsforschung, 74. Jg. Heft 1/2005). Berlin.

ROOS, M. (2002): Ökonomische Agglomerationstheorien. Die Neue Ökonomische Geographie im Kontext. (=Wirtschaftsgeographie und Wirtschaftsgeschichte, Bd. 10). Lohmar, Köln.

SCHÄTZL, L. (2003): Wirtschaftsgeographie 1 – Theorie. 9. Aufl. Paderborn.

SCHÄTZL, L. (1994): Wirtschaftsgeographie 3 – Politik. 3. Aufl. Paderborn.

SCHILLING-KALETSCH, I. (1976): Wachstumspole und Wachstumszentren. Untersuchungen zu einer Theorie sektoral und regional polarisierter Entwicklungen. (=Arbeitsberichte und Ergebnisse zur Wirtschafts- und Sozialgeographischen Regionalforschung). Hamburg.

STERNBERG, R. (2001): New Economic Geography und Neue regionale Wachstumstheorie aus wirtschaftsgeographischer Sicht. In: Zeitschrift für Wirtschaftsgeographie, Jg.45(2001), Heft 3-4, S. 159 – 180.

WAGNER, N. / KAISER, M. (1995): Ökonomie der Entwicklungsländer. 3. Aufl. Stuttgart.

WINTZER, E. (2007): Regionalpolitik und New Economic Geography. Grundlagen, Modelle, Entwicklungen. Berlin.